U0155990

■ 优秀技术工人
百工百法丛书

潘从明
工作法

萃取设备的
设计与制造

中华全国总工会 组织编写　　　　　　潘从明 著

中国工人出版社

匠心筑梦 技能报国

技术工人队伍是支撑中国制造、中国创造的重要力量。我国工人阶级和广大劳动群众要大力弘扬劳模精神、劳动精神、工匠精神，适应当今世界科技革命和产业变革的需要，勤学苦练、深入钻研，勇于创新、敢为人先，不断提高技术技能水平，为推动高质量发展、实施制造强国战略、全面建设社会主义现代化国家贡献智慧和力量。

　　　　　　　　——习近平致首届大国工匠
　　　　　　　　　创新交流大会的贺信

序

党的二十大擘画了全面建设社会主义现代化国家、全面推进中华民族伟大复兴的宏伟蓝图。要把宏伟蓝图变成美好现实，根本上要靠包括工人阶级在内的全体人民的劳动、创造、奉献，高质量发展更离不开一支高素质的技术工人队伍。

党中央高度重视弘扬工匠精神和培养大国工匠。习近平总书记专门致信祝贺首届大国工匠创新交流大会，特别强调"技术工人队伍是支撑中国制造、中国创造的重要力量"，要求工人阶级和广大劳动群众要"适应当今世界科技革命和产业变革的需要，勤学苦练、深入钻研，勇于创新、敢为人先，不断提高技术技能水平"。这些亲切关怀和殷殷厚望，激励鼓舞着亿万职工群众弘扬劳模精神、劳动精神、工匠精神，奋进新征程、建功新时代。

近年来，全国各级工会认真学习贯彻习近平总书记关于工人阶级和工会工作的重要论述，特别是关于产业工人队伍建设改革的重要指示和致首届大国工匠创新交流大会贺信的精神，进一步加大工匠技能人才的培养选树力度，叫响做实大国工匠品牌，不断提高广大职工的技术技能水平。以大国工匠为代表的一大批杰出技术工人，聚焦重大战略、重大工程、重大项目、重点产业，通过生产实践和技术创新活动，总结出先进的技能技法，产生了巨大的经济效益和社会效益。

深化群众性技术创新活动，开展先进操作法总结、命名和推广，是《新时期产业工人队伍建设改革方案》的主要举措之一。落实全国总工会党组书记处的指示和要求，中国工人出版社和各全国产业工会、地方工会合作，精心推出"优秀技术工人百工百法丛书"，在全国范围内总结100种以工匠命名的解决生产一线现场问题的先进工作法，同时运用现代信息技术手段，同步生产视频课程、线上题库、工匠专区、元宇宙工匠创新工作室等数字知识产品。这是尊重技术工人首创精神的重要体现，是工会提高职工技能素质和创新能力的有力做法，必将带动各级工会先进操作法总结、命名和推广工作形成热潮。

此次入选"优秀技术工人百工百法丛书"作者群体的工匠人才，都是全国各行各业的杰出技术工人代表。他们总结自己的技能、技法和创新方法，著书立说、宣传推广，能让更多人看到技术工人创造的经济社会价值，带动更多产业工人积极提高自身技术技能水平，更好地助力高质量发展。中小微企业对工匠人才的孵化培育能力要弱于大型企业，对技术技能的渴求更为迫切。优秀技术工人工作法的出版，以及相关数字衍生知识服务产品的推广，将为中小微企业的技术进步与快速发展起到推动作用。

　　当前，产业转型正日趋加快，广大职工对于技能水平提升的需求日益迫切。为职工群众创造更多学习最新技术技能的机会和条件，传播普及高效解决生产一线现场问题的工法、技法和创新方法，充分发挥工匠人才的"传帮带"作用，工会组织责无旁贷。希望各地工会能够总结命名推广更多大国工匠和优秀技术工人的先进工作法，培养更多适应经济结构优化和产业转型升级需求的高技能人才，为加快建设一支知识型、技术型、创新型劳动者大军发挥重要作用。

中华全国总工会兼职副主席、大国工匠

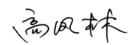

优秀技术工人百工百法丛书

机械冶金建材卷

编委会

作者简介
About The
Author

潘从明

　　1970年出生，金川集团铜业有限公司提纯工序工序长，贵金属冶炼特级技师，有色冶金正高级工程师，国家级技能大师，甘肃省总工会兼职副主席。

　　曾获"全国劳动模范""全国五一劳动奖章""全国最美职工""中华技能大奖""全国技术能手""国家科学技术进步奖二等奖"等荣誉和称号。

　　他能从铜镍冶炼"废渣"中同时提取8种以上稀

贵金属；发明了铂族金属精炼的"颜色判断法"是仅凭溶液颜色就能准确判断 99.99% 的产品纯度；主创的"镍阳极泥中铂钯铑铱绿色高效提取技术"填补了国内贵金属资源综合利用的技术空白，累计创造经济效益 12 亿元以上。他长期致力于贵金属一次资源和二次资源的清洁、环保、高效处理技术及装备的研发与应用，改变了我国贵金属冶炼长期依赖国外技术的局面；先后承担国家和省（部）级重点科研项目 9 项，完成各类创新项目 228 项，拥有国家授权专利 36 项，发表核心期刊论文 20 篇，出版图书 1 部，成功培养了 200 余名贵金属冶炼人才，是集贵金属冶炼生产操作、技术与装备研发、产业化建设、技能培养等于一身的高层次、多元化技能人才，为推动我国贵金属冶金技术向"高、精、尖"方向发展作出了突出贡献。

贵金属精炼从业者的工匠精神，就是用一百分的严谨、专注、务实和精益求精，达到"万分之一"的核心目标。

清从明

目　　录
Contents

引　　　言
Introduction

　　创新是引领发展的第一动力，创新无止境，永远在路上。当前，我们凝聚强大合力，共同为实现中华民族伟大复兴的中国梦而团结奋斗，在强国建设的新征程中，我们需要永葆"赶考"的清醒和坚定，集聚力量进行原创性引领性科技攻关，用创新的力量坚决打赢关键核心技术攻坚战，推动我国从"制造大国"向"制造强国"迈进。

　　萃取是一种相对精准的分离方法，在冶金过程中更是表现出优异的特点。要在生产中运用好萃取技术，就需要相关的萃取设备来辅助完成。合理、有效的萃取设备是保障先进萃取技术高效、稳定发挥作用的关键所在。

本书主要阐述本人多年来在萃取技术攻坚过程中对于一系列难题的解决办法和实施效果，以及在这一系列难题的解决过程中积累的有关创新的心得和经验，主要从萃取原理概述、油水分离设备的制造方法、油水分离设备中第三相过滤装置的优化设计、高效萃取关键部件的设计与安装、多级萃取设备的组装方法等方面开展详细描述，以一线产业工人的创新思维和生产现场的具体实例来呈现创新过程——如何发现问题、如何研究解决问题、如何归纳总结形成创新成果，让一线产业工人借鉴和掌握行之有效的创新方法，为其提供更多的创新思路，激发产业工人的创新动力与活力，助力产业工人提升创新能力，实现新的飞跃。

第一讲

萃取原理概述

　　萃取是化工、制药、石化、冶金等行业常见的生产工艺之一，因其具有提取率高、萃取剂可重复利用等优点，常用于从含有多种杂质的溶液中提取目标产品。

一、萃取的基本原理

　　传质原理表明，物质总是倾向于从难溶体系进入易溶体系，这也被称为传质动力，是萃取的理论基础。共同溶解于水相中的产品和杂质，在某种溶剂中的溶解度差异很大，并且该溶剂与水相不相溶，两者密度差异较大。具有如此性质的溶剂，被称为萃取剂。

　　萃取是利用产品和杂质在萃取剂和水相中溶解度的差异，完成对产品的选择性提取。萃取原理如图 1 所示，当萃取发生时，原来溶解在水相中的产品，在传质动力的驱动下，开始向萃取剂中运动，而其他杂质在萃取剂中的溶解度很小、传质阻力大，便继续留在水相中。

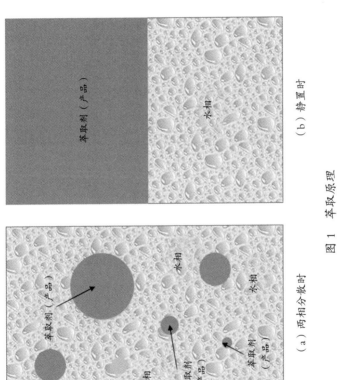

（a）两相分散时　　　　　（b）静置时

图 1　萃取原理

　　需要注意的是，萃取剂因与水相不相溶，在静置状态下会与水相形成分层。此时，传质仅发生在分界面附近，远离分界面的萃取剂和水相无法接触，便无法完成传质。因此，需要在特定设备中，通过搅拌、晃动等外力打破这种分层，使萃取剂分散为如图1（a）所示的液滴的形式，充分与水相接触。萃取剂形成的液滴粒径越小，与水相的接触面积就越大，越有利于传质充分进行。

　　传质完成后，需要将溶解了产品的萃取剂和残留杂质的水相分离，再各自进行处理，才能达到提取的目的。因萃取剂和水相有密度差异，当静置一段时间后，两者会自行分层。萃取剂和水相的密度差异越大，分层越容易，消耗时间越短，越有利于萃取生产。

二、萃取工艺的优点

　　综上所述，相对于化学沉淀法等传统工艺而言，萃取工艺的优点如下。

（1）选择性好。不同的萃取剂对于产品或杂质的溶解性不同，溶解性差异越大，选择性越好，越有利于实现高效提取和分离。

（2）容易实现自动化连续作业。在萃取设备性能优异的前提下，无论是萃取，还是分层，抑或是后续处理，都可以实现自动化连续生产。当然，这也对萃取设备提出了更高的要求。

（3）分离后的萃取剂经处理后可以循环利用，大大降低了成本。由此可见，如何使萃取剂和水相精准、高效分离，是实现萃取剂高效循环利用的另一关键。

第二讲

油水分离设备的制造方法

目前，科研工作者大多将研究目标放在新型、高效萃取剂的合成领域，取得了很多成果（因萃取剂大多为有机物，后文中均简称油相），但对油相、水相的分离效率研究鲜有进展。尤其对于产品价值高、萃取剂成本昂贵的行业而言，因油水分离不彻底而导致的互含问题造成了产品损失大、萃取剂损耗高、后续处理困难等诸多问题，制约了萃取技术在生产中的应用。

在本装置设计制造之前，生产中已经有不少油水分离器得到应用。它们的材质、尺寸、结构虽各有不同，但基本原理十分相似。传统油水分离器工作原理如下页图 2 所示。

在油、水两相密度差的作用下，夹带少量油相的水相进入分离器后，在分离室内与油相开始逐渐分层。一般情况下，1 级分离室很难实现清晰的分层，因此大部分设备通过设置溢流挡板，使下层水相由底部采出，而上层油相进入下一级分离室内不断积累，进行反复分层。对于流量大、分层困难的

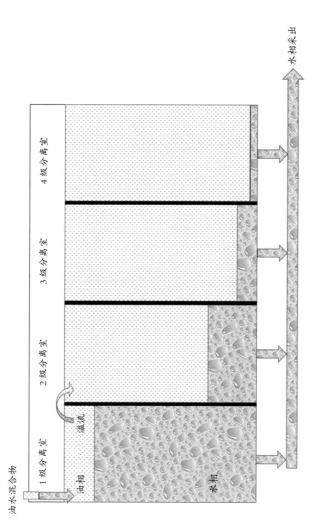

图 2　传统油水分离器工作原理

萃取生产，通常会设置3~7级分离室，通过油相溢流、水相采出这两个过程的往复循环，增加分离级数来延长两相的停留时间，从而不断提高油、水两相的分离效率。

该类装置的缺点如下。

（1）设备占地面积大、造价高。在萃取生产中，大部分油相、水相分离的速度没有理想状态下那么迅速。为了改善分离效率，就必须增加分离室的级数，因此导致分离器体积庞大、造价昂贵。

（2）管道复杂、操作难度大。装置内部存在多级构造，油、水两相采出管道错综复杂，对操作者的精细程度提出了很高的要求。其中，油相的采出需要分级、多次操作，每级的分界面又各不相同，使得油相采出的工作量较水相而言更加艰巨、复杂，进一步加大了失误操作的风险。

（3）萃取剂存量大、损耗大。上述的传统油水分离器要经过层层溢流才能达到预期的效果，每个格室都要积压萃取剂，导致萃取剂存量增多，生产现场的安全隐患系数增高。同时，由于需要进行多级不断分离，萃取剂的损耗增大，需要间歇性地补充萃取剂，其经济实用性相对较差。

一、新型油水分离器的工作原理

针对上述问题，以解决油水分离难题、提高分离效率、简化操作过程为目标，设计制造了新型油水分离器，其工作原理如图 3 所示。

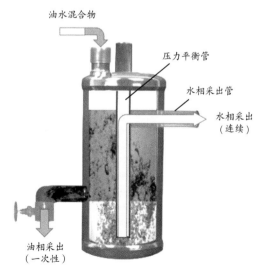

图 3　新型油水分离器工作原理

该装置的工作原理：油水混合物由上部进入分离室后，随着液面的逐步上升，油、水开始逐渐分层。当液面上升至压力平衡管下端后，位于下层的水相进入压力平衡管，位于上层的油相被隔离在外，初步完成油、水的分离；水相液面在压力平衡管内持续上升至横置的水相采出管后自流溢出，完成连续分离；装置连续运行一段时间，油相在装置内持续积累至一定量后，被一次性集中采出。

二、水相采出管的设计与制造

1. 问题描述

由于密度较大的水相在下层，所以传统油水分离器大部分都从下部采出水相，这样处理存在以下问题。

（1）分离效率低。如果简单依靠缩小油水分离器的体积来解决占地面积大的问题，将导致油、水在分离器内停留的时间短，尤其是当上游流量较大或者两相密度差异较小而分相困难时，油、水来不及分相就会被采出，造成两相分层效果不好，极易导致两相互含，从而降低分离效率。两相分层清晰与两相互含对比如下页图4所示。

（2）油相易被采出。水相自下部采出时，采出管道上方液体在重力的作用下迅速流出，导致液体中心压力迅速减小而形成旋涡，两相分界面形成"V形"结构，如下页图5所示，使得上层的部分油相被卷带进入水相中而一并被采出。

（3）操作弹性差。若上游混合物中水相含量降低、油相含量升高，除非减小阀门开度或者重新更换管径更小的管道，否则水相流量过大会导致油相被一同采出。反之，若上游混合物中水相含量升高、油相含量降低，又会导致水相来不及采出而产生冒溢现象。

2.解决方法

（1）将水相采出管由原来的纵向放置改为横向放置，以便调整采出管口相对于油水分离器筒体的高度，使水相能够从上部采出。

图 4   两相分层清晰与两相互含对比

图 5   两相分界面形成"V形"结构

（2）在油水分离器内部设置压力平衡管，使上部与大气连通。在压力平衡管侧面开孔，连接横置的水相采出管，使压力平衡管既能起到平衡压力的作用，又能够引水相至一定高度后采出。若原料中油、水分相相对困难，可将压力平衡管安装在尽量远离油水混合物进料位置的一侧，以提升分相效果。水相采出管与压力平衡管位置如图6所示。

图6 水相采出管与压力平衡管位置

（3）水相采出管与压力平衡管的连接位置应当尽可能靠上。一方面可以增加油水分离器的内部容量，延长设备运转周期；另一方面可以增加油水混合物的上下对流次数，从而尽可能地增加停留时间，进一步改善分相效果。水相采出管与压力平衡管位置模型如图 7 所示。

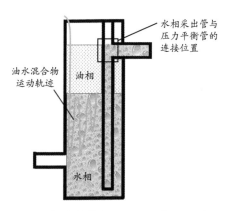

图 7　水相采出管与压力平衡管位置模型

（4）压力平衡管的下端要尽可能贴近油水分离器底部，从而使两相分界面尽可能远离水相采出口，最大限度地避免两相夹带。

（5）油水混合物进入油水分离器初期，上层的少量油相会被卷带进入压力平衡管而被采出。因此，在装置运转前，可以在油水分离器中加入一些纯净的水相（可用分离漏斗或其他设备提取、制取），加入量以没过压力平衡管下端一端距离（一端为一个单位，长度为5cm）为最佳。这样，当油水混合物进入后，形成的油、水分界面已经在压力平衡管下端管口的上方，彻底避免了油相被卷带的问题。初期油水分离器操作原理如图8所示。

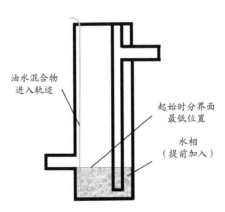

油水混合物
进入轨迹

起始时分界面
最低位置

水相
（提前加入）

图 8　初期油水分离器操作原理

（6）在液面上升至水相开始被采出的过程中，即便两相分层不是十分清晰，也不会产生两相夹带的问题。这是因为水相的采出实际上自其进入压力平衡管下端时就已经开始，该位置距离两相分界面的距离超过半个油水分离器的高度，远离可能混有油相的部分，这样便变相延长了分相时间，为最终分层清晰创造了有利条件。

三、油相采出管的设计与制造

1. 问题描述

在传统油水分离器中，由于上层的油相分散在多个分离室中，采出油相时，一般采用两种方式。

（1）在每个分离室设置负压管道，油相由上层抽出。但每个分离室内油相含量不同，分界面高度差异大，需要操作者对工况条件十分熟悉，才能准确把握管道插入的深度，否则会导致下层水相被一并抽走。

（2）油相和水相共用一套采出管道。采出油相时，要先将底部残留的水相排空，再放出油相。如此操作的缺点是在排空水相的过程中，稍有不慎，就会将油相一并放出，导致油、水互含。

2.解决方法

如前所述，在新型油水分离器中，当水相被连续采出时，油相并未同时被采出，而是在分离器内部不断积累，最终被集中采出。这是因为进入油水分离器中的油水混合物的油相含量比水相含量低很多，唯有通过不断积累，才能形成清晰的分相界面，从而降低分离难度，具体原理如下页图9所示。

基于集中采出的原理，油相采出管道的设计和制造方法如下。

（1）采出管位置优化。油相采出管为横向放置，位于油水分离器的下部。为获得最大的油相积累量，油相采出管管口一般尽可能靠近分离器底部，但要适当高于压力平衡管下端，以确保油、水分界面与压力平衡管下端的水相进口有一定的安全距

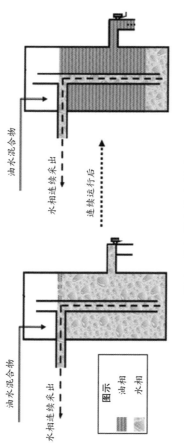

图 9 油相集中采出原理

离。具体距离视油、水分层性质的不同而变化，一般保持在 200~500mm。油相采出管位置与最佳采出时机如图 10 所示。

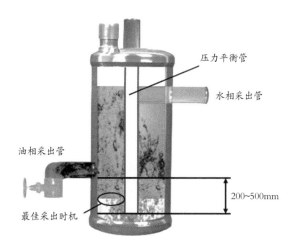

压力平衡管

水相采出管

油相采出管

200~500mm

最佳采出时机

图 10　油相采出管位置与最佳采出时机

（2）阀门的选择。如果上游油水混合物流量较小，油相采出管外部可连接手动蝶阀，采出时手动作业即可，油相手动采出装置如下页图 11 所示。当上游油水混合物流量较大、油相含量较高时，可在油相采出管外连接防爆离心泵和油相收集装置，

实现自动化作业，油相自动采出装置如下页图 12
所示。

图 11　油相手动采出装置

（3）采出时机。油水分离设备运转一段时间后，
当两相分界面低于油相采出管下沿且高于压力平衡
管下端时，即可进行采出作业。在操作过程中，为
了避免两相夹带，同时为装置后续工作保留必要的
液面深度，一般待分界面位于油相采出管下沿和压
力平衡管下端的中间位置时，为最佳采出时机，如
图 10 所示。

图 12　油相自动采出装置

四、运行效果

　　该新型油水分离器于 2016 年起在金属萃取系统应用，至今仍运行稳定。其间，萃取过程中的油、水分离率保持在 99.9% 以上，萃取剂消耗量节约了 65% 以上。由于油、水互含的难题得到解决，大大简化了下道工序油相和水相的处理难度，使得油相、水相的后续处理时长分别缩短了 27% 和 35%，显著提升了萃取的生产作业效率。

第三讲

油水分离设备中第三相过滤装置的优化设计

　　如前所述，进行萃取生产时，当产品被萃取进入油相后，在比重差、两相不互溶的综合作用下，通过分液操作将油相、水相分离，从而达到提取产品或除去杂质的目的。

　　在理想状态下，只要尽可能地延长停留时间，油相与水相最终都会彻底分层，形成肉眼可见的清晰分界面。而在实际生产中，往往会出现以固体絮状物为主的第三相，夹带在油相、水相之间，导致分界面模糊。即便将分相时间无限延长，这种第三相也不会消失。具体如图 13、图 14 所示。

图 13　油、水两相分层清晰　　图 14　油、水两相夹带第三相

第三相产生的原因十分复杂，但总的来说，主要是原料中的杂质含量较高或杂质成分较多，导致部分有机溶剂变质、聚沉。此外，通过对第三相成分进行化学分析后发现，外观呈絮状的第三相往往具有很强的吸附能力，可显著吸收已经萃取了产品的萃取剂。检测经灼烧后的絮状第三相发现，其产品含量比例可达到 50%~70%，而其他杂质含量比例也可达 30% 以上。从成分可见，在实际生产中，既不能将第三相当作产品，也不能将其当作杂质。因此，需要将第三相另行分离、另行处理。

一、第三相过滤装置的结构优化与选材

（一）主体结构

第三相过滤装置的主体结构较为简单，如下页图 15 所示。工作时，油相和第三相混合物进入过滤装置，经过滤板上的多重材料过滤后，第三相被分离在过滤板上，澄清的油相透过过滤板，在装置底部储液槽中被收集，最终自下部滤液采出口被集中采出。

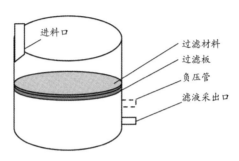

图 15　第三相过滤装置主体结构

结合生产实际，加工第三相过滤装置时需要注意以下两点。

（1）若油相黏度较大或第三相的粒径过小，过滤时易形成致密的滤饼，导致过滤困难。此时，可在过滤板下部开孔，连接外部增设负压设备。通过负压作用，对过滤板上的油相形成"抽取"作用，从而加快过滤速度。

（2）对过滤板上开孔的孔径没有明确要求，但孔的排列应错位，如下页图 16 所示，以平衡过滤时过滤板承受的压力，同时必须考虑过滤压力工况。相对而言，若采用常压过滤，开孔孔径可相对较大，增加过滤速度；若采用负压过滤，开孔孔径需较常压时小一些，以避免负压环境下滤纸等其他过滤材料破损。

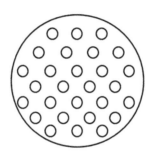

图 16　过滤板开孔

（二）过滤材料的选择

1. 问题描述

以往过滤第三相，大多以滤纸为主要材料，但其存在如下问题。

（1）过滤精度与过滤速度不理想。萃取产生的第三相呈絮状，其粒径很小。在过滤作业时，如果只放置少量几张滤纸，超过 20% 的第三相无法被滤除；如果增加滤纸层数，确实可以很好地改善过滤效果，但过厚的滤纸层降低了溶液的通过速度，造成过滤速度过慢，无法满足生产要求。

（2）滤纸易破损导致过滤失败。滤纸被油相浸泡后，质地逐渐松软。在常压工况下，其强度尚可保证。但如果为了提高过滤速度而采用负压工况，在上方液压、下方气压的综合作用下，过滤板开孔处的滤纸十分容易破损，从而导致过滤失败。

2.解决方法

经过实验证明，可选用高密度海绵、精密滤纸和毛毡三种材料作为过滤第三相的主要材料。三种材料的叠放顺序由上到下分别是高密度海绵、精密滤纸、毛毡，如图17所示。这种叠放顺序的优点如下。

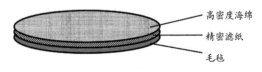

图17　过滤材料分层顺序

（1）过滤精度由低到高，与第三相含量成逆流放置，可以大幅改善过滤效果。

（2）高密度海绵和毛毡除了可以起到过滤作用外，其内部的多孔结构还能对细小的第三相颗粒起到吸附作用，从而相对仅用滤纸时大幅改善了过滤效果。

（3）材料强度大、耐腐蚀性好的高密度海绵和毛毡分别位于上、下两层，而强度小、耐腐蚀性不佳的滤纸位于中间，使得过滤材料层的整体强度大大提高。即便在强负压的工况条件下，滤纸等材料也不会出现破损。

具体操作时，可按照毛毡、精密滤纸、高密度海绵的顺序，依次将三种材料铺设在过滤板上。每铺设一层，最好用蒸馏水或油相将其润湿，在其表面张力的作用下，尽可能地增加材料之间的贴合度。如果过滤精度要求很高时，可在润湿、铺好各层材料的基础上，密闭过滤器的顶盖，并开启负压工作系统，利用压差"吸紧"各层材料之间的缝隙，以提高过滤效果。

二、特定工况下第三相过滤装置的设计

1. 问题描述

在萃取生产实践中，若第三相含量较大，可按前述方法将第三相过滤装置连接在油水分离器的油相采出管之后，具体尺寸可根据油相采出流量、设备占地面积进行制造。

若第三相含量较小，独立设置一台第三相过滤装置显然是不经济的，不仅增大了设备的占地面积、增加了成本，而且由于第三相含量低，当设备体积过大、过滤材料过多时，容易造成被滤出的第三相相对含量较低而很难被回收，反而导致产品回收率降低。

2. 解决方法

针对以上问题，特别设计了小型第三相过滤装置，将其放置在油水分离器的油相采出管路中。从结构上看，它主要分为上腔体、下腔体两个部分，

两者依靠内螺纹相连接。过滤板、过滤材料的选择同本节第一大点中所述，并以可拆卸的方式架在下腔体上沿附近。小型第三相过滤装置如图 18 所示。

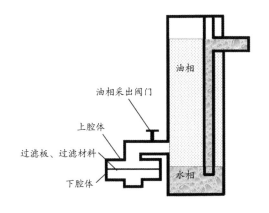

油相采出阀门

上腔体

过滤板、过滤材料

下腔体

油相

水相

图 18　小型第三相过滤装置

当油相集中采出时，油相和第三相自油相采出管一同进入过滤装置，第三相被过滤板上的过滤材料滤出，油相经过下腔体后由下端管道采出。连续运行一段时间，当过滤材料上的第三相滤饼达到一定厚度后，拧开上下腔体，将过滤材料连同第三相滤饼一并取出，再更换新的过滤材料即可。

该装置的优点如下。

（1）适用于第三相含量较小的工况条件，可轻易收集到具有一定厚度的第三相滤饼，大大提高了第三相的回收率。

（2）第三相过滤装置与油水分离器集于一体，不再另占场地，尤其适用于厂房面积较小的萃取生产。

（3）加工简单、操作弹性大，可根据油相流量和生产时间要求调整上下腔体的外径，以符合不同工况的具体要求。

（4）安装方式更加灵活多样。除了文中所述与油水分离器相连接外，该装置还可以与萃取器的油相采出口、水相采出口等其他可能产生第三相的装置相连接，有利于实现全萃取流程中第三相的剔除。

三、运行效果

第三相过滤装置在金属萃取生产实践中得到了应用，如图 19 所示，至今已连续稳定运行超过 10

年。从生产中收集到的生产数据表明，该套装置可以很好地解决第三相分离的问题，实现的分离率接近100%。

图 19　第三相过滤装置应用于生产实践

回收所得的第三相中夹带了大量需提纯的粗产品，经回收后，每年可新增收入数百万元。同时，在下游各生产流程中，因没有第三相的干扰，中间产品的杂质含量降低，产品品质提高，缩短了加工流程，提高了生产效率。

第四讲

高效萃取关键部件的
设计与安装

　　萃取剂和萃取设备是萃取生产的"左膀右臂"，共同决定着萃取效率的高低。其中，萃取设备与工业生产联系更加紧密，对于萃取生产的影响也更加显著，是提升萃取生产经济性、科学性和稳定性的关键因素。

　　萃取设备种类繁多、构造各异。应用较多的有箱式萃取器和离心萃取器两类，二者特点不尽相同。

　　箱式萃取器应用较早、技术成熟，其优点是操作弹性大、造价低、对原料的适应性强，尤其适用于成分复杂的物料体系。其缺点也同样突出：箱式萃取器的萃取、分液过程基本完全依靠萃取剂和水相密度、溶解性等理化性质的差异而自发实现，导致单级萃取效率低下。为提高萃取效率，就必须增加萃取级数，导致设备占地面积通常较大。

　　离心萃取器的基本原理是利用电机带动转鼓高速转动，密度不同且互不混溶的油、水两相在桨叶旋转产生的剪切力作用下，被充分破碎成小液滴，并在容器内充分混合，完成传质，又在转鼓旋转产生的离心力作用下，迅速形成分层。离心萃取器具有设备体积小、分离率高、油水分离速度快等诸多优点。但其致命缺点有两个：一是操作弹性小，仅适用于油、水两相流量相差不大的工况，在大流量比萃取条件下，其萃取效率会大幅下降；二是对于化学性质稳定性较差的萃取剂，高速转动的电机产生的强作用力易导致萃取剂发生乳化，导致萃取失败。

可见，箱式萃取器和离心萃取器各有其优缺点，必须结合实际工况条件和原料的特性进行选择，方能使萃取效率达到最优。

一、箱式萃取器的设计改进

1.问题描述

箱式萃取器最重要的两个部件分别是混合室和澄清室，结构如下页图20所示。前者用于将油相与水相混合均匀，完成目标物质的萃取；后者用于将油、水两相分离，从而达到分离及去除杂质的目的。

在生产实践中，箱式萃取器内油、水两相的微

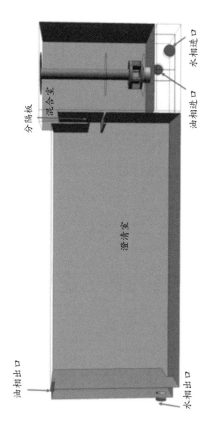

图 20 箱式萃取器结构

观混合程度难以被直接观察到。因此，采用了网络计算流体力学（Computational Fluid Dynamics，CFD）进行模拟，以便更加直观地反映内部结构和油、水两相的混合情况。结果表明，当箱式萃取器工作时，通常会存在以下问题。

（1）当混合室内的搅拌桨工作时，油、水两相主要以与搅拌桨旋转方向相同的环形涡流为主，部分区域会形成油、水分层旋转的情况，这与两相破碎成小液滴而充分接触的初衷相悖。有利于油、水两相混合的沿搅拌轴切线方向的流动仅占一小部分。混合室内流体的速度 CFD 模拟如下页图 21 所示。

（2）澄清室中的油、水两相分界处存在朝向入口端的返流。这是由于进入澄清室的溶液流速过快，在流经区域产生了负压区，导致部分溶液发生了回流。这种流动模式干扰了油、水的正常静置分离，使得两相间更容易产生互相夹带。澄清室内流体的速度 CFD 模拟如第 45 页的图 22 所示。

（3）萃取室整体封闭且不透明，操作者无法观

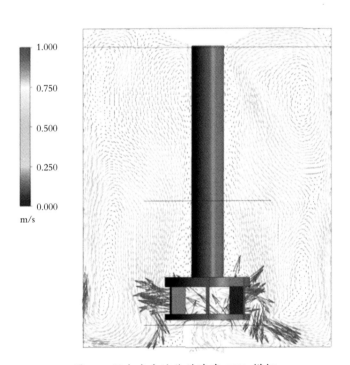

图 21　混合室内流体的速度 CFD 模拟

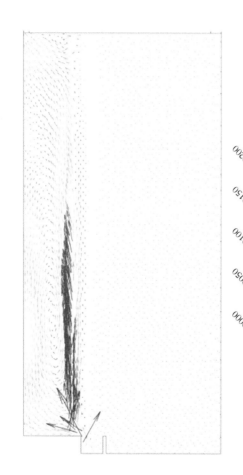

图 22　澄清室内流体的速度 CFD 模拟

察到萃取室内部工作的情况。尤其是在上游原料成分复杂、易出现第三相等极端工况下，操作者如果无法及时发现、处理突发情况，极易导致管道堵塞、搅拌桨停转等，甚至被迫停工。

2.解决方法

（1）可在混合室内部增加4~8个挡板，混合室挡板如图23所示。当电机带动搅拌桨旋转产生环形涡流时，挡板阻挡了油、水两相的螺旋运动，将一部分液体的运动由以搅拌轴为中心的环向运动，

图23　混合室挡板

变为与搅拌轴平行的轴向切线运动，从而改善混合效果。

　　此外，为进一步破坏环形涡流，可在搅拌桨轴上增加 3~4 片叶轮片，并设计好开口方向。当电机轴旋转时，叶轮片下方的溶液在剪切力的作用下向下运动，与上涌的物料激烈碰撞后，破碎成小液滴，从而提高传质效率。叶轮片上方的溶液则向上运动，促进顶部远离搅拌桨的溶液运动，以达到提高萃取效率的目的。改进后的混合物流体运动轨迹 CFD 模拟如下页图 24 所示。

　　（2）在澄清室溶液的进口处设置栅栏，以降低进口处溶液的流速。此外，由于澄清室中部、底部水相流速很慢，栅栏的高度为澄清室整体高度的 1/3 左右即可。栅栏安装示意图如第 49 页的图 25 所示。

　　生产实践和 CFD 模拟图表明，栅栏的设置降低了进入澄清室中溶液的初始速度，从而避免流经区域产生明显压差，大大减少了回流的产生。此外，由于栅栏间隙可达到 10mm 以上，对整个澄清室中

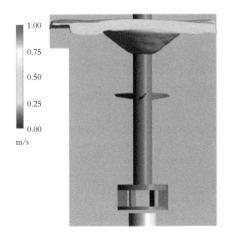

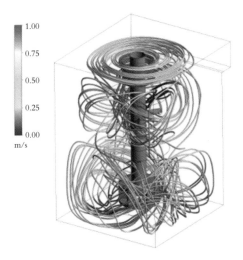

图 24 改进后的混合物流体运动轨迹 CFD 模拟

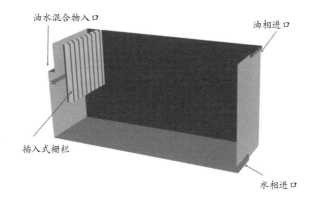

油水混合物入口　　　　　　油相进口

插入式栅栏

水相进口

图25　栅栏安装示意图

的流体运动没有造成明显的压降，有利于设备的长时间稳定运转。回流情况对比CFD模拟如下页图26所示。

（3）以可以耐受有机物腐蚀的硬质聚氯乙烯为材料，在萃取室箱体上设置可视观察窗，如第51页的图27所示。其厚度为10mm，高度与萃取箱一致，形成贯穿式。这样既能观察到上层油相的颜色，粗略判断萃取效果，又能观察到下层水相的运动情况，尤其可以清晰地看到油、水两相分界面的位置以及第三相的情况，便于操作者更好地组织生产。

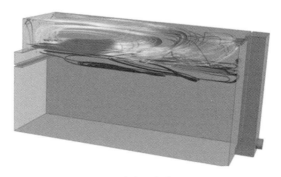

（a）无栅栏

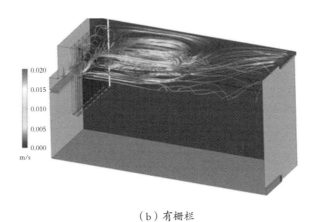

（b）有栅栏

图 26　回流情况对比 CFD 模拟

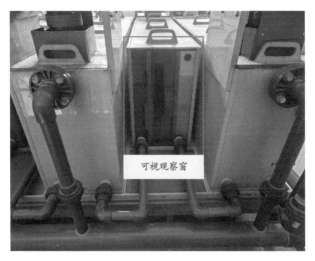

图 27　萃取箱可视观察窗

3. 运行效果

重新加工后的箱式萃取器应用生产半年后，通过化学分析和跟踪实验等方法，对其运行效果进行了论证。结果表明，经过改进后的箱式萃取器的萃取效率提升了大约27%，而油、水两相互含率可控制在3%以下。

二、离心萃取器部分部件的加工

1. 问题描述

离心萃取器的基本原理是利用电机带动转鼓高速转动，密度不同且互不相溶的油、水两相在桨叶旋转产生的剪切力作用下完成混合传质，又在转鼓旋转产生的离心力作用下迅速分离。离心萃取器构造原理如下页图28所示。

该装置在生产应用中主要存在以下问题。

（1）增加电机频率，有利于产生较大的剪切力，从而使油、水两相的混合和分离效果更好。但过高的频率不但会导致机体振动过大，还可能造成萃取

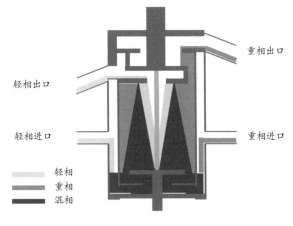

图 28　离心萃取器构造原理

剂发生乳化。

（2）其处理能力较箱式萃取器小，对设备的耐腐蚀性要求高。离心萃取器没有传统意义上的澄清室，设备体积小，所以处理能力低。另外，制造离心萃取器的材料需耐腐蚀性好，方可延长使用寿命，导致造价较高。

（3）对原料的适应性差。当上游原料的种类、成分和含量发生变化时，若离心萃取器的电机功率等参数保持不变，将导致油水混合程度加重、分离效果直线下降。

（4）清洗内部元件时，必须拆机，操作复杂，故障率高。

2. 解决方法

（1）选择上悬浮式离心萃取器（电极位于萃取器上方），如图 29 所示，将转鼓直径设计为 250mm，使其处理量可达到 300L/h，电机频率保持在 30Hz，在保证处理量和混合效果的条件下，避免了油相乳

图 29　上悬浮式离心萃取器

化、机体振动过大的问题。

（2）为了提高耐腐蚀性，制造离心萃取器时，可选用聚偏二氟乙烯杂化碳结构，部分关键部件可采用氟基材料，能大大提高设备对苛刻环境的适应性，延长工作寿命。

（3）为提高离心萃取器对料液的适应性，离心萃取器可设置变频控制，使离心萃取器的转速可调，可根据不同料液浓度设置不同的混合强度。另外，为增大油、水两相混合的强度，可在离心萃取器下端增加涡轮式混合增强器，如图30所示，增加与电机转动方向相反的液相流动，达到改善两相

图30 涡轮式混合增强器

混合度的效果。

（4）在电机旁增加清洗孔，以实现清洗内部时避免拆机。在清洗离心萃取器时，只需要在离心萃取器中加入水，而后低频率开启离心萃取器，最终将水从下端排污口排出即可。同时，为确保现场操作环境，可将清洗口与排风口设置为同一口。离心萃取器在正常使用时，废气通过排风口排入废气吸收系统中；在离心萃取器需要清洗时，则将连接处法兰断开，进行离心萃取器的清洗工作，实现不拆机清洗离心萃取器，大幅提升工作效率。离心萃取器清洗孔如图 31 所示。

图 31　离心萃取器清洗孔

3. 运行效果

通过对离心萃取器部分部件的加工，使其对生产的适应性显著改善，操作弹性得到提高，可以用于更多物料的萃取生产。将其在金属萃取生产中投入使用后，可适用的生产流程较原来多了 30% 以上。将离心萃取器和箱式萃取器配合使用，可彻底淘汰技术落后的化学沉淀法，实现全流程的萃取生产。

第五讲

多级萃取设备的组装方法

单个萃取设备的优劣是决定萃取效率的基础。但在实际生产中，萃取生产线是由多个萃取设备组成的。设备数量被称为"级数"。在大部分情况下，萃取生产线的级数为8~40级。萃取生产需要多级生产的原因如下。

（1）除萃取外，生产中还包括反萃取（将产品从萃取剂中提取出来）、再生（萃取剂循环利用前的处理）、洗涤（部分萃取剂需要再次洗涤以去除杂质）等多道工序。它们必须和萃取过程一起连续完成（注：因产品性质不同，还包括平衡等其他工序）。

（2）在连续生产中，单级萃取很难获得理想的分离率。而间歇生产虽然看起来萃取级数少，萃取率也令人满意，实际上是通过破坏生产组织和强行延长油、水两相混合的时间来实现的，通常得不偿失。

可见，不论单个萃取设备的性能多么突出，要实现生产连续进行，就必须将多个设备串联连接，形成一套完整的萃取生产线，方可达到萃取工艺的理想效果。

一、萃取级数优化设计

萃取生产所需的工序、级数一般由提取产品或中间产物的化学性质决定。产品不同，级数也不尽相同，没有统一的参考标准。一般情况下，研究人员会根据产品的性质，开展小型试验，初步确定工序和操作步骤，再将理论分析与中型试验、半工业化试验相结合，最终得到萃取级数的生产组织方案。

以金属萃取生产为例。在采用新型萃取设备、明确了萃取剂作用机理的情况下，需开展 6 个月至 1 年的中型以上试验。其间，开展研究和探索的内容主要有以下几个方面。

（1）萃取级数与萃取率的变化关系。即用最少的萃取级数，达到满意的萃取率。

（2）反萃取的技术路线。即将产品与萃取剂重新分离，达到再提取的目的。

（3）萃取剂循环利用的技术路线。即研究反萃取后的萃取剂需要进行何种处理，方可恢复萃取性能，再次投入萃取生产中。

（4）萃取剂的性能变化与工作寿命。即萃取剂经循环利用后性能降低，需要多久进行一次更换或补充。

（5）其他有助于分析萃取级数的研究。

完成上述实验研究后，可初步确定最佳的萃取级数设计方案。图 32 所示为某金属萃取生产线的级数。在某种金属生产中，萃取级数合计为 33 级，包括萃取、洗涤、反萃取、再生、平衡、回收 6 道工序。其中，除前 3 道工序外，其他工序均针对萃取剂的循环利用而设计。这种设计的优点在于通过多级协同联动实现了连续性萃取，在萃取分离过程中具有较大的参考借鉴意义。

需要特别说明的是，在大部分情况下，多级萃取的物料走向都采用逆流接触的方法，即进入萃取

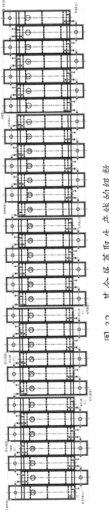

图 32　某金属萃取生产线的级数

设备时，两种物料采用对向的方式（注：少数萃取设备也采用顺流接触）。因此，在确定级数后，开始进行管道设计工作时，尤其需要注意考虑物料逆流接触的管道配置。

二、主要配套设备

下文以金属的萃取生产为例，来说明多级萃取生产线中，除萃取器以外的其他主要配套设备的选择。

1. 液体储罐

萃取生产属于湿法作业，整套生产系统中会产生令人眼花缭乱的、以溶液形式存在的各种中间产品，它们之间绝对不能发生二次混合，否则会导致整个萃取生产以失败告终。因此，需要选择体积适中、耐腐蚀性好的储罐，分门别类地盛装这些液体。

储罐的数量与萃取生产中的工序数、萃取级数等密切相关。即便对于最简单的萃取生产，每道工

序至少也要设置 1 个储罐。对于特别重要、影响整
个萃取生产运行的关键工序，一般要设置 1~2 个备
用储罐，防止设备故障、原料质量波动等突发性事
件迫使生产停工，给生产组织带来破坏。在前文所
述包含 6 道工序的金属多级萃取案例中，实际储罐
数量达到 16 个。部分多级萃取设备基于工艺特性，
其配套的附属设施甚至更多。萃取生产线中的液体
储罐如下页图 33 所示。

萃取剂大多为有机物，具有易燃易爆的特性，
如无特殊要求，生产现场应全部采用防爆设备。

2. 电机、泵等电气设备

在金属多级萃取过程中，对于最关键的萃取
室，应每一级均单独设置电机，并采取分段变频控
制，保证萃取过程中同段转速的一致性。同时配套
设置计量泵及电磁流量计，通过计量泵及电磁流量
计准确控制油、水两相流速，确保萃取室中两相的
平衡以及萃取的稳定性。针对洗液和反萃取液混合
后容易产生第三相的情况，增设澄清级，减少油相

图 33　萃取生产线中的液体储罐

中混相的夹带，保证萃取的高效性，总体上使得萃取室更加科学合理、安全可靠。萃取生产控制系统如下页图 34 所示。

3. 排风系统

萃取剂大部分为有机类，容易逸散挥发。因此，在设计组装多级萃取设备时，合理的排风系统就显得尤为重要。多级萃取设备的排风系统设计与布局的难点在于多级萃取时，各分段的作用不一样，使用的化学试剂种类、含量等均有所不同，产生的废气种类也不尽相同，一套多级萃取设备往往伴随着好几种废气的排放。因此，从环保的角度考虑，在萃取过程中实现排放废气的分类与治理，是保证萃取系统稳定运行的一大关键点。

针对废气吸收问题，可改变原有的废气敞口收集方式，在萃取槽的每一级都增加了废气收集孔。根据连续性萃取过程中的不同作业单元产生的不同废气种类，增设主管道，并分别引入不同的废气吸收系统，实现萃取过程中逸散废气的密闭及分类吸

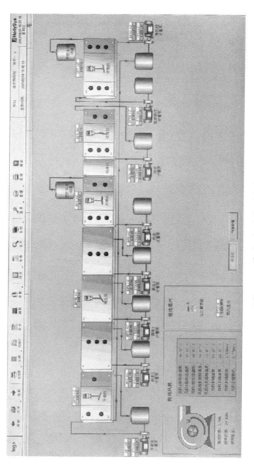

图 34　萃取生产控制系统

收。同时,针对部分萃取室箱体狭长、内部格室分布较多、单向排风管道难以全面兼顾的问题,在萃取室两端分别加设一个排风主管道,并向两侧分支,形成"对U字形"均衡分布与连接,保证作业现场的排风通畅。

4.缓冲级连接

多级萃取设备的稳定运行需要不同萃取单元之间相互协同、共同发力。各个萃取单元之间通常采用管道连接,并通过搅拌的提升力实现油、水两相的运输。常见的管道连接易造成油相携带上一级的料液进入下一级。料液体系单一的萃取通常不存在这一问题,但是如果涉及较为复杂的多级联动性萃取,就会存在上一级与下一级体系成分发生变化的情况。更为恶劣的是,两级体系试剂由于其理化性质的不同,进一步接触会发生反应或相关的复反应,导致萃取过程产生第三相或一些其他不利于连续性萃取的物质,让连续性萃取方案无法开展,此时缓冲级的作用就显得较为重要。

设置缓冲级是将连续性萃取过程中的两个不同萃取单元连接的重要手段，其特点在于替代了传统的管道直接连接，避免了性质不同的两种物质直接接触。在连续性萃取的两个不同作业单元之间增设缓冲级，一是可以稳流；二是可以通过缓冲级进一步澄清过滤，避免了油相对上一个萃取单元物料的夹带，保证在萃取过程中下一个萃取单元的正常稳定运行，实现更高效率的萃取。

5. 应用效果

在金属萃取中全面应用该套设备已 3 年多，取得了如下效果。

（1）实现了萃取工艺的连续稳定运行，从而实现了对落后的化学沉淀工艺的全面替代，将产品的工段收率提高至 99.9% 以上。

（2）彻底解决了传统萃取过程中分相不清、第三相夹带等关键难题，将萃取效率稳定在 99.7% 以上。

（3）实现了工段生产的连续自动化作业，使得劳动生产率大幅提升，生产周期缩短为原来的近40%。

（4）在萃取剂循环使用寿命增加1倍的同时，损耗量较原来减少70%，同时反萃取、洗涤、再生等工序效率显著提高，试剂消耗量大幅降低，综合成本较原来降低近一半。

（5）箱式萃取器和离心萃取器的联合应用，大幅提高了萃取生产的适应性，实现了3种产品的全萃取生产。箱式萃取生产线和离心萃取生产线分别如下页图35、图36所示。

图 35　箱式萃取生产线

图 36　离心萃取生产线

后 记

作为一线职工，我们工作在一线，创新在一线。我们犹如人体的毛细血管，伸入各行各业的细枝末节处。在生产实践中，我们无时无刻不在直面难题，每分每秒都想突破"瓶颈"。因此，我们不仅拥有取之不竭的创新灵感，更拥有呼之欲出的创新愿景。只要掌握高效、可行的方法，将创新的触角伸入每一道工序、每一件产品中，我们产业工人必将成长为推动科技发展的领军人，成长为促进国家高质量发展的生力军。

目前我和团队所做的工作就是盯紧贵金属产业发展不放松，做精、做细、做优铂族贵金属主业，在生产一线创新研发出更加适用于贵金属绿色、高效提取的新技术，填补我国矿产资源的缺口，提升国家战略资源的保障能力，助力航空航天、电子医疗等高新产业的蓬勃发展，用实际行动为实现制造强国、科技强国奋斗！

同时，我还要继续依托自己的劳模创新工作室平台，在带徒传技、技能攻关、技艺传承、技能推广等方面发挥作用，开展交流培训、难题攻关、人才培养等重点工作，把自己的绝技、绝活儿传承下去，培养和带动更多的团队成员进行原创性引领性攻关，和他们一起深耕贵金属领域，更加勇毅地坚守在贵金属提纯生产一线主阵地，改革创新，向创新项目要人才、要技术、要成果，打造有力量、有技术、有理想的创新型贵金属高技能人才梯队，持续促进贵金属产业高质量发展，为推动我国由"制造大国"迈向"制造强国"作出自己应有的努力和贡献。

2023 年 5 月

图书在版编目（CIP）数据

潘从明工作法：萃取设备的设计与制造 / 潘从明著. —北京：中国工人出版社，2023.7
ISBN 978-7-5008-8223-7

Ⅰ.①潘⋯ Ⅱ.①潘⋯ Ⅲ.①萃取设备 Ⅳ.①TF3

中国国家版本馆CIP数据核字（2023）第122872号

潘从明工作法：萃取设备的设计与制造

出 版 人	董 宽
责 任 编 辑	习艳群
责 任 校 对	张 彦
责 任 印 制	栾征宇
出 版 发 行	中国工人出版社
地 址	北京市东城区鼓楼外大街45号 邮编：100120
网 址	http://www.wp-china.com
电 话	（010）62005043（总编室）
	（010）62005039（印制管理中心）
	（010）62046408（职工教育分社）
发 行 热 线	（010）82029051 62383056
经 销	各地书店
印 刷	北京美图印务有限公司
开 本	787毫米×1092毫米 1/32
印 张	3
字 数	40千字
版 次	2023年8月第1版 2023年8月第1次印刷
定 价	28.00元